Bibliografische Information der Deutschen Nationalbibliothek:

Die Deutsche Bibliothek verzeichnet diese Publikation in der Deutschen Nationalbibliografie; detaillierte bibliografische Daten sind im Internet über http://dnb.d-nb.de/ abrufbar.

Impressum:

Druck und Bindung: Books on Demand GmbH, Norderstedt Germany
ISBN: 978-3-668-14732-4

Dieses Buch bei GRIN:

http://www.grin.com/de/e-book/315247/reisanbau-auf-sri-lanka-klimatische-bedingungen-und-sozio-oekonomische

Henning Jensöntner

Reisanbau auf Sri Lanka. Klimatische Bedingungen und sozio-ökonomische Probleme

GRIN Verlag

Johannes Gutenberg-Universität Mainz

Geographisches Institut

Übung: M11 Regionalseminar II – Sri Lanka

Hausarbeit (Sommersemester 2014)

Reisanbau auf Sri Lanka

Abgabe: 20.05.2014

Verfasser: Henning Jensöntner

B.Sc. Geographie

Inhaltsverzeichnis

1. Historische Einführung

Die Reispflanze „Oryza sativa" gilt als das Hauptnahrungsmittel der Bevölkerung Sri Lankas. Die lange Geschichte des traditionellen Reisanbaus geht schon auf die erste bekannte Besiedlung der Insel durch die Singhalesen zurück. Datiert wird diese auf den Zeitraum von ca. 250 v. Chr. – 1017 n. Chr.). Nordindische Seefahrer erkannten die ihrer Heimat ähnlichen klimatischen Bedingungen und nutzten diese zum ersten erfolgreichen Reisanbau. Das wechselfeuchte Klima, welches lange Trockenperioden mit sich führt, ermöglicht den Reisanbau nur unter der Nutzung künstlicher Bewässerungsanlagen. Der Anbau galt als womöglich einzige Einnahmequelle der Sieder und so hatte die Entwicklung dieser Bewässerungskultur ihre historische Blütezeit im Zeitraum des 1. bis 4. Jahrhunderts unter König Mahasena (334 bis 362 n. Chr.) (vgl. Kapitel 2.2 für Bewässerungskultur).

Zur Zeit der Kolonialisierung Sri Lankas, damalig unter dem Namen „Ceylon" bekannt, war der Reisanbau mehr oder weniger zum Erliegen gekommen, da sich die europäischen Nationen – Portugal, Holland und Großbritannien – stark auf einen neuen, strategischen und wirtschaftlichen Handelsstützpunkt konzentrierten. (vgl. DOMRÖS 1976: 33ff.). Die Interessen gleichnamiger lagen eher an dem stark nachgefragten Gewürz Zimt, sowie im weiteren Verlauf an Kaffee- und Kautschukprodukten, als an dem bis dahin gepflegten Reisanbau, auch wenn dieser nur kleinbäuerlich dem Zweck der Eigenversorgung diente. Nur wenige Bewässerungssysteme wurden im Süd-Westen der Insel restauriert oder gar neu erbaut, andere Regionen wurden gänzlich vernachlässigt. Folglich verfielen viele Bewässerungsanlagen dem gewinnorientierten Handel der Kolonialmächte zum Opfer. (vgl. DOMRÖS 1976: 35f. und ZAUN-AXLER 1977: 36f.) Den Produkten von Tee-, Kautschuk- und Kokospalmplantagen kam so große Bedeutung zu, dass ca. 95% der gesamten Exporteinnahmen 1972 für Ceylon durch diese Produkte gedeckt wurde. (vgl. DOMRÖS 1976: 183f.)

Mit der Unabhängigkeit Ceylons im Jahre 1948, nach letztmaliger Annektierung der Briten 1796, erfuhr auch der Anbau von Reis einen neuen Aufschwung, sodass heute in fast allen Teilen der Insel – aber hauptsächlich im Tiefland – Reiskulturen unterhalten werden.

Gleichzeitig stellen sich mit der Flächennutzung durch Reisfelder auch Konflikte dar. Welche im Folgenden anhand einer inselübergreifenden Beschreibung erläutert sind.

2. Der Anbau von Reis

2.1. Klimatische Bedingungen

„Der Reisanbau auf Ceylon wird in großem Umfang sowohl in der Feucht- als auch Trockenregion betrieben“ (DOMRÖS 1976: 206).

Hierbei unterscheiden sich die Anbaumethoden: Die Maha-Saison von Oktober bis April und die Yala-Saison von Mai bis September. Diese Reisbauperioden fallen exakt in das jährlich wiederkehrende Auftreten des Monsuns – jeweils aus Nord-Osten (Maha) oder aus Süd-Westen (Yala). Während des Nord-Ost Monsuns findet auf Sri Lanka die Haupternte (maha=groß) statt, in der „Yala“ (=klein) die kleine Ernte (vgl. Abbildung 1).

Das zentral gelegene Hochland wirkt als Regenscheide, sodass saisonal Bereiche der Insel im Regenschatten liegen. Man unterteilt die Insel deshalb klimatisch grob in eine „wet Zone“ im Süd-Westen und eine „dry zone“ im Nord-Osten (vgl. DOMRÖS 1976: 209 und Zaun-Axler 1977: 3f.) (vgl. Abbildung 2). Für einen effizienten Anbau von Reis ist eine permanente Wasserversorgung aber von enormer Wichtigkeit.

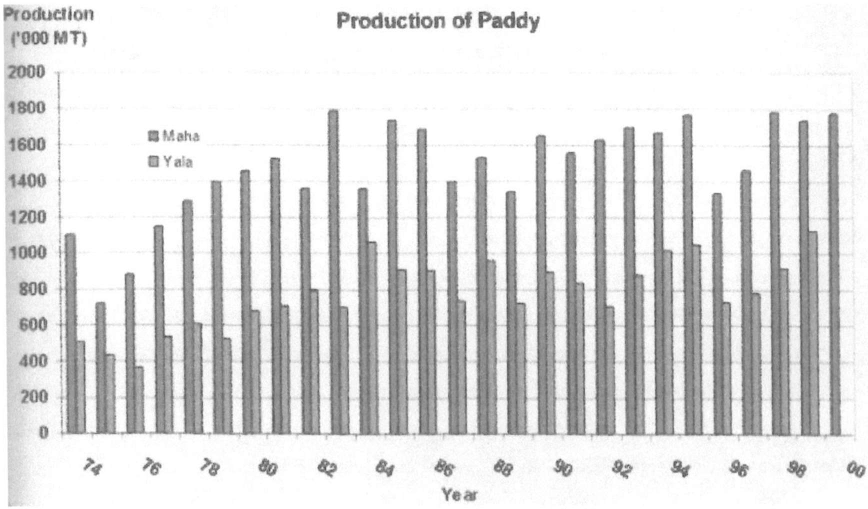

Abbildung 1: Production of Paddy (KUNZ: 2003: 220)

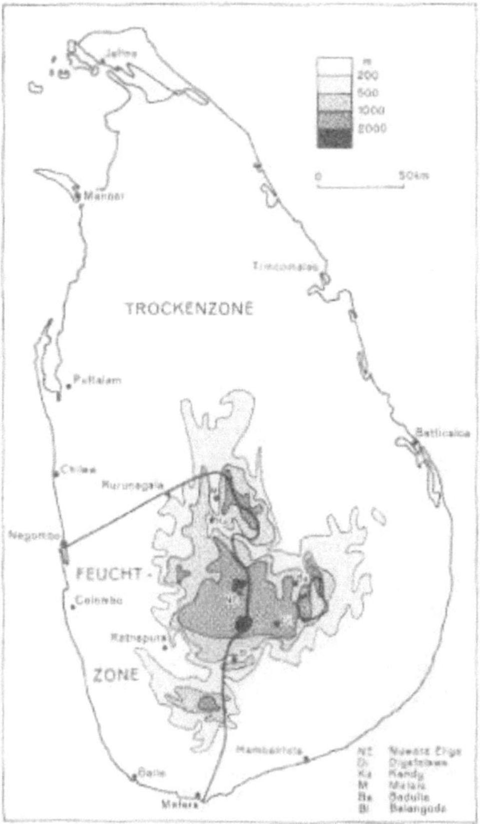

Abbildung 2: Der Grenzverlauf zwischen der Feucht- und Trockenzone (DOMRÖS 1976: 82).

2.2. Die Wasserversorgung der Reisfelder

Die Möglichkeit auch in eher trockenen Regionen Reiskulturen zu unterhalten, ist seit vorchristlicher Zeit bekannt. Die Abflüsse aus dem als Wasserscheide fungierenden Hochland reichen allerdings nicht aus, um eine Ernte von Nass- oder Sumpfreis sicherzustellen, „sondern es müssen Stauvorrichtungen geschaffen werden (Storage Irrigation), um das während der Regenzeit gestaute Wasser in der Trockenzone als zusätzliche Bewässerung zu verwenden“ (ZAUN-AXLER 1977: 8).

„Diese künstliche Bewässerung wird [...] auf Ceylon traditionsgemäß zum größten Teil in Form von Tankbewässerung betrieben. Hierbei handelt es sich um künstliche Wasserreservoire verschiedener Größenordnungen, im Englischen als >tank< (weitere Bezeichnungen: singhalesisch: „wewa“ und im Tamil: „kumal“) bezeichnet, in denen die Niederschläge der jeweiligen Regenzeit gesammelt werden“ (DOMRÖS 1976: 208 und vgl. Abbildungen 3,4,5).

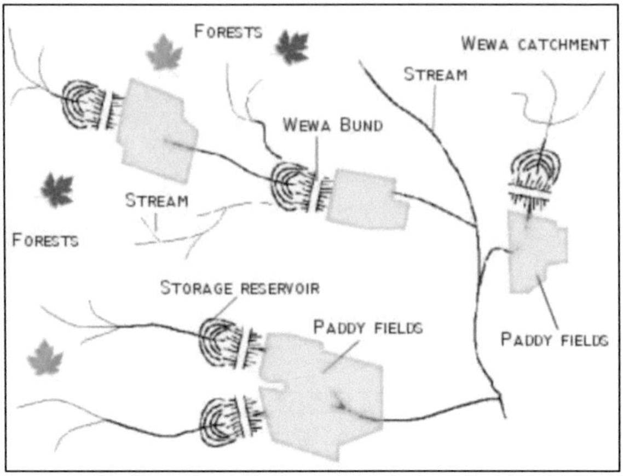

Abbildung 3: Skizzenhafte Verteilung der Tanks (Forest for People. Internet: http://www.forestsforpeople.org/html/wewa.html).

Abbildung 4: Überlaufschwelle des Padavkema Tanks (Zaun-Axler 1977: 268)

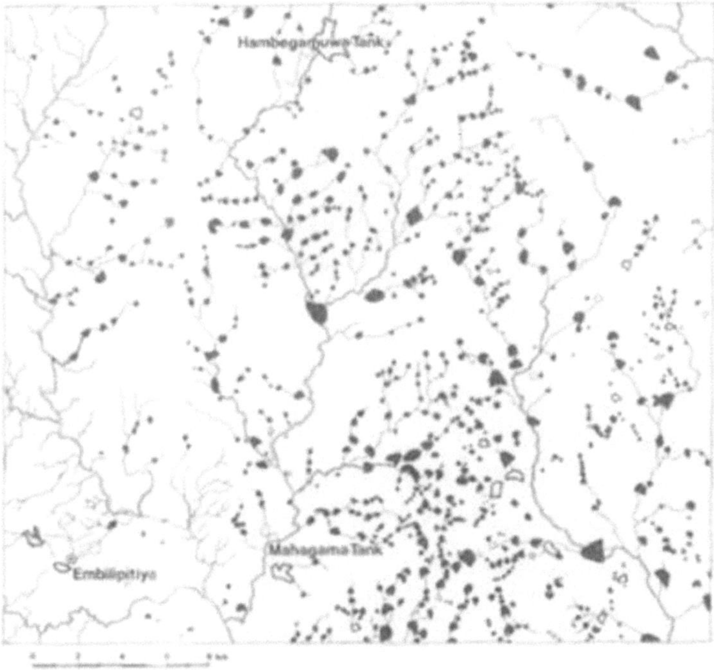

Abbildung 5: Die Tanklandschaft im Südosten Ceylons (Domrös 1976: 212). Schwarz angelegt = aufgelassen Bewässerungsstauteiche. Schwarz umrandet: Anlagen in Betrieb.

Früher übernahmen kleinere Tanks diese Versorgung, gegenwärtig – bedingt durch fortgeschrittene Bautechnik – übernehmen hohe rechtwinklig zum Flussbett errichtete Mauern bzw. Wälle die Stauung des Wassers. (Zaun-Axler 1977: 9).

2.3. Bodenanforderungen und Bodenbeschaffenheit

„Im Gegensatz zur hohen Wasseranforderung sind die Ansprüche der Reispflanze an den Boden weitaus geringer“ (Zaun-Axler 1977: XVII). Bei ausreichender Düngung ermöglichen selbst Rotbraunerden den Anbau von Reis, die Bodenfruchtbarkeit von Alluvialböden eignet sich dennoch am besten.

Roterden sind in Sri Lanka insbesondere in den Trockenzonen weit verbreitet (vgl. Abbildung 6) und zeichnen sich besonders durch ein geringes Erosionspotential aus. Roterden sind allerdings durch eine geringen Kationen-Austauschkapazität in ihrer „chemischen Struktur [...] nährstoffarm“ (Kunz 2003: 116).

Deshalb ist die Bodenbildung in den Anbaugebieten stark anthropogen geprägt. Die Böden haben sich „nicht auf anstehendem Material gebildet, sondern auf hinein gespültem [...]“ (Kunz 2003: 118).

Sedimentiertes toniges Material schwämmt bei Kontakt mit Wasser auf und setzt den Wasserverlust durch Versickerung herab.

„Die Bildung und Erhaltung von Reisböden und ihrer Fruchtbarkeit sind im traditionellen Bewässerungsfeldbau auf die Methoden der Bodenbearbeitung zurückzuführen. Im überstauten Zustand wird die [...] verkrustete Bodenkrume mit von Wasserbüffeln aufgebrochen [...] und in ein feines homogenes Einzelkorngefüge umgewandelt“ (KUNZ 2003: 120). Dadurch erreicht man eine Durchmischung des Bodens mit Humusstoffen, „so ist der Nassreis die einzige Feldfrucht, die in den Tropen jahrhundertelang auf der gleichen Fläche [...] angebaut wurde“ (KUNZ 2003: 120 nach ANDREA 1977).

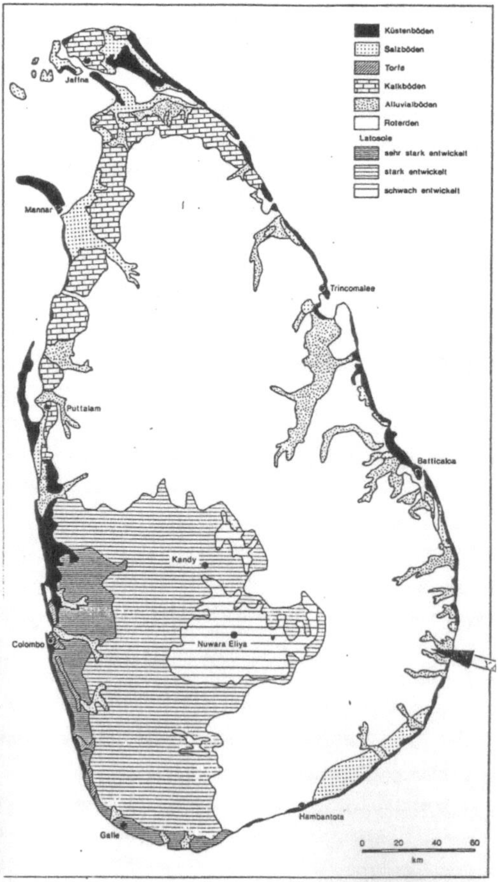

Abbildung 6: Die wichtigsten Bodentypen Ceylons (Kunz 2003: 117 nach Domrös 1976: 133).

3. Kleinbäuerlicher Anbau

„Reis wird [...] in typsicher Weise in Klein- und Kleinstbetrieben angebaut. Fast 85 % aller Betriebe sind unter [...] 0,8 ha groß, rund 60 % aller Betriebe sogar unter [...] 0,4 ha" (Domrös 1976: 211). Des Weiteren wirtschaften diese kleinbäuerlichen Betriebe nur auf gepachteten Flächen: ‚landlords' werden als Besitzer geführt, bestellen ihre Flächen allerdings nicht selbst, sondern verpachten diese. 1962 wurden so ca. 45 % der Flächen in einem Pachtverhältnis bewirtschaftet.

3.1 landwirtschaftliche Arbeitstechniken:

Eine großflächige Technisierung Sri Lankas findet nur langsam statt. „Wegen permanenten Kapitalmangels oder gar Verschuldung ist vielen Reisbauern der Einsatz" (Domrös 1976: 211) von modernen Pflanzenschutz- und Düngemitteln, sowie der Gebrauch von Traktoren schlicht nicht möglich. Stattdessen werden Felder auf traditionelle Weise mit Hakenpflug und Büffeln (vgl. Abbildung 7) gepflügt. (vgl. Domrös 1976: 213). Auch aus „betriebswirtschaftlichen Gründen" (Kunz 2003: 190) ist der Einsatz von Traktoren, deren Anzahl in den letzten Jahren durchaus zugenommen hat (vgl. Domrös 1976: 213), unmöglich: Geringere Arbeitskosten durch Handarbeit – zusätzlich durch angeworbene Hilfsarbeiter aus dem Umland – gegenüber der Traktorennutzung, ermöglichen einen minimalen Ernteverlust (vgl. Kunz 2003: 190). Zusätzlich fallen keine Arbeitsplätze der Technisierung zum Opfer.

Abbildung 7: Umpflügen eines Reisfeldes mit Büffel (Klett Geographie Infothek).

4. Sozio-ökonomische Probleme

Kleinbäuerliche Betriebe, welche sich aus dem oben beschriebenen Kapitalmangel, keine reine marktorientierte Bewirtschaftung erlauben können, produzieren Reis für den Eigenbedarf. Bedingt durch das großräumig anzutreffende schwierige Pachtverhältnis ergeben sich deutliche Differenzen zu größeren, kapitalreicheren Betrieben. Diese wirtschaften vorteilhaft mit optimierten Saatgut, Düngemittel und kostengünstig, auf einer größeren Fläche und mit Traktoren und weiterem Zubehör (vgl. KUNZ 2003: 194).

Die Entwicklung dieses Missstandes geht auf die „Grüne Revolution“ zurück. Eingeführt wurde dieser Begriff und die dazugehörigen Maßnahmen aufgrund von einer großen Anzahl hungernder Menschen, da die eigene Reis- und Getreideproduktion für stetig wachsende Bevölkerung nicht ausreichte. Des Weiteren sollte eine exportorientierte Produktion geschaffen werden, um sich von externen Importen abzukoppeln (vgl. NAMARA et al. 2008: 5f.).

Ceylon unternimmt enorme Anstrengungen, um die in Subsistenzwirtschaft lebenden Kleinbauern zu unterstützen. Die zu überwindenden Hindernisse sind zusammengefasst folgend aufgelistet:

1. Kleinbauern leben nicht dauerhaft im Reisanbaugebiet, sondern „pendeln“ in den jeweiligen Anbauzeiten.
2. Schwierige Pachtverhältnisse mit teilweise hohen Abgaben erschweren eine gewinnbringende Produktion.
3. Bewässerungssysteme waren nicht ausreichend errichtet und Felder lagen zu Teilen im Trockenen
4. Kleinbauern sind nicht für moderne, ertragsreichere Anbaumethoden ausgebildet – traditionelle Anbauweisen sind vorherrschend.
5. Keine bzw. kaum natürliche oder chemische Düngung der Felder
6. Technischer Rückstand

(vgl. ZAUN-AXLER 1977: 198f.).

Die „grüne Revolution“ in den 1960er Jahren ermöglichte insbesondere die bessere Verfügbarkeit von Maschinen und Geräten. In den Trockenzonen, wo Böden deutlich verhärteter gegenüber denen der Feuchtzonen im Süd-Westen sind, hat der Traktor eine vorteilhafte Stellung eingenommen (vgl. KUNZ 2003: 213). „So wird wichtige Zeit für die effektivere Ausnutzung der Regenzeit gewonnen“ (KUNZ 2003: 213). Durch eine Verkürzung des Zeitraumes zwischen Entwässerung bei Ernte und der erneuten Überflutung für die zweite Anbauphase – welche nur in künstlich bewässerten Gebieten möglich ist – zeigt die Nutzung von Traktoren einen enormen Vorteil den traditionell genutzten Büffeln gegenüber. Dies schlägt sich in einer Steigerung der Erträge und einer Verkürzung der Arbeitszeit nieder (vgl. KUNZ 2003: 213f.). Ein großer Vorteil: „Selbst eine geringfügige Teilmechanisierung führt bei Kleinbetrieben [vom Verfasser verändert] zu dem maximal erreichbaren Flächenertrag.“ (KUNZ 2003: 214). Abbildung 8 erläutert die effizientere Anbauweise durch die Technisierung in kleinbäuerlichen Betrieben.

	Ertrag t/ha	Arbeitsbedarf in Arbeitsstunden/ha	Ertrag in kg je Arbeitsstunde
Herkömmliche Handbewirtschaftung	1,5	1500	1
Arbeit durch Mensch und Tier	2,1	700	3
Geringe Teilmechanisierung im Kleinbetrieb	5,2	400	13
Vollmechanisierung. Großbetrieb	5,2	40	130

Abbildung 8: Produktivität und Arbeitsbedarf in der Reisproduktion (Kunz 2003: 214 nach Moens 1979: 84)

Weitere Faktoren, welche durch die Erkenntnisse der Grünen Revolution verbessert worden sind(vgl. DHANAPALA und ZAUN-AXLER 1977: 201f.):

1. Einführung von neuem Saatgut, welches mehrmals pro Jahr angebaut werden kann und deutlich höhere Erträge liefert.
2. Einsatz von (giftigen) chemischen Mitteln, welche die Erträge durch Verdrängung von Pestiziden steigern.
3. Veränderung der Infrastruktur: Angepasste Gesetzgebung und Eigentumsverhältnisse, neue Transportmöglichkeiten, Verbessertes Bildungsangebot, Kommunikation).
4. Post-Ernte: Verbesserung in der Weiterverarbeitung und Lagerung, um Verlusten nach der Ernte vorzubeugen.
5. Empfehlungen zu Aussaatmethoden (Reihen-Aussaat anstatt breitem Auswurf) und zur optimalen Landvorbereitung.
6. Staatlich garantierter Abnahmepreis

4.1. Kritik an Grüner Revolution

Die Erträge in Sri Lanka könnten sogar noch gesteigert werden. Dies wäre durch eine konsequente Vergrößerung der Betriebe – und dadurch auch eine stärkere Mechanisierung – möglich. Volkswirtschaftlich ist dies aber durchaus kritisch zu sehen: Kleinbäuerliche Betriebe, welche, wie bereits beschrieben, den größten Teil der Reisproduktion ausmachen, sind auf günstige Arbeitskräfte angewiesen. Oftmals zählen dazu auch Familienangehörige, die zum Lebensunterhalt beitragen. Mit Verzicht auf den Traktor geht folglich auch der Verzicht auf Ertragssteigerung einher. Eine Verschärfung sozialer Unterschiede zwischen dem bäuerlichen Mittelstand und der kleinbäuerlichen Masse sind ebenfalls Ursache der Grünen Revolution. „Die Vorteile des Traktors veranlassten aber viele Kleinbauern, sich von ihren Wasserbüffeln zu trennen und Traktoren auszuleihen. Die daraus resultierenden Gefahren für die Unabhängigkeit und Freiheit der Smallholder führten dazu [...]“ (KUNZ 2003: 214), dass Risiken bei Ernteausfällen und der damit einhergehenden Zahlungsunfähigkeit der Kleinbauern entstanden, welche sich von den Traktoren betriebswirtschaftlich abhängig gemacht hatten.

Dennoch konnte die Gesamtproduktion gesteigert werden (vgl. Abbildung 9). Besonders in den 1970er Jahren wirkten die Maßnahmen und die Erträge stiegen enorm.

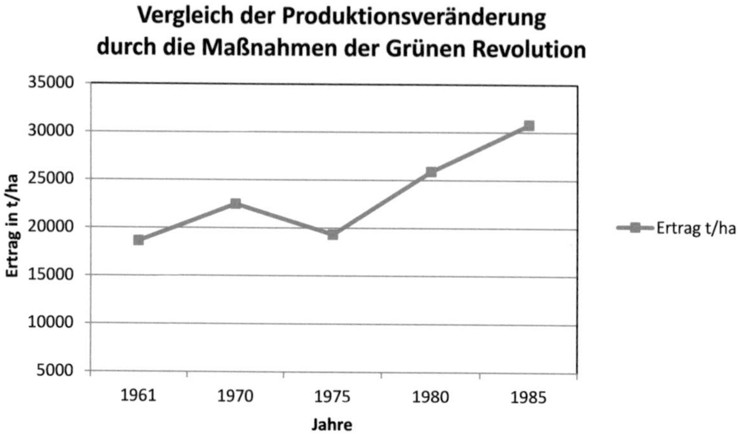

Abbildung 9: Vergleich der Produktionsveränderung durch die Maßnahmen der Grünen Revolution (eigene Darstellung nach FAO).

5. Gegenwärtige Lage

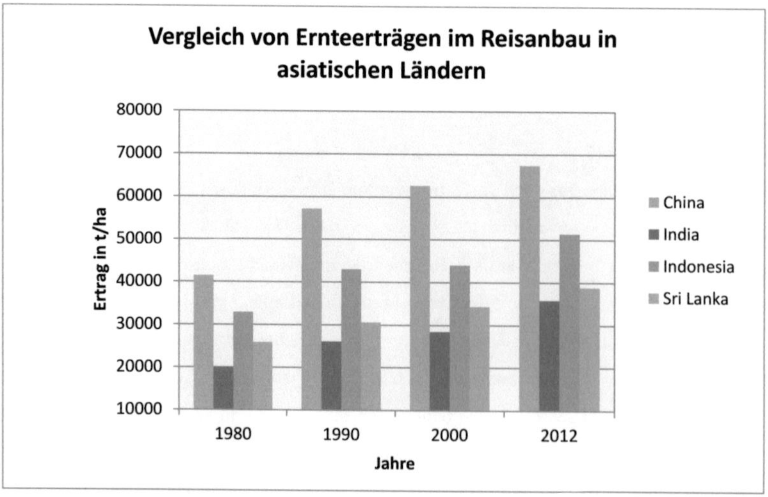

Abbildung 10: Vergleich von Ernteerträgen im Reisanbau in asiatischen Ländern (eigene Darstellung nach FAO).

Noch immer ist der Reisanbau die Haupteinnahmequelle des Landes. Dennoch stagniert das Wachstums des Ertrages und Sri Lanka ist weiterhin auf Importe angewiesen und die Lücke zwischen eigener Produktion und des Bedarfs zu schließen. Dies führt in „Anbetracht des zu erwartenden [vom Verfasser geändert] Bevölkerungswachstums zu einer sinkenden Pro-Kopf-Produktion“ (Kunz 2003: 221).

Im internationalen Vergleich steht Sri Lanka in der Reisproduktion ebenfalls hinter Ländern wie Sri Lanka, Myanmar oder China. Lediglich dem direkten Nachbarn Indien, ist Sri Lanka seit Jahrzehnten voraus. Dies könnte aber auch durch die Weitläufigkeit Indiens zu erklären sein, die gezielte ertragsorientierte Maßnahmen erschwert.

Des Weiteren sind die Konsequenzen aus dem Bürgerkrieg, obwohl in dieser Ausarbeitung nicht explizit erwähnt, und die damit einhergehenden ethnischen Konflikte zu berücksichtigen.

Durch technische Neuerungen und weitere Anstrengungen seitens der Regierung und beistehenden Nicht-Regierungs-Organisationen besteht für Sri Lanka zumindest eine Chance sich subsistent ohne importierte Nahrungsmittel zu ernähren. Für den Großteil der im Agrarsektor beschäftigten Bevölkerung ist dies außerordentlich wichtig und deshalb anzustreben.

6. Quellenverzeichnis

DOMRÖS, M. (1976): Sri Lanka. Die Tropeninsel Ceylon. Darmstadt.

Forest for People. Internet: http://www.forestsforpeople.org/html/wewa.html). (19.05.2014).

Food and agriculture organization of the United Nations (FAO). Internet: http://faostat3.fao.org/faostat-gateway/go/to/download/Q/QC/E (19.05.2014).

Klett (23.11.2011). Internet: http://www2.klett.de/sixcms/list.php?page=geo_infothek&miniinfothek=&node=Reis&article=Infoblatt+Reis+ist+Leben (19.05.2014).

KUNZ, W. (2003): Yalpota. Mikroanalyse eines Stautanksystems mit Modellfunktion für die nachhaltige Erschließung der Trockenzone im Südosten Sri Lankas. Mainz.

NAMARA et al. (2008): The practice and effects of the System of Rice Intensification (SRI) in Sri Lanka. In: Quarterly Journal of International Agriculture. Band 47, Heft 1. Frankfurt.

ZAUN-AXLER, G. (1977): Der Reisanbau im unteren Kirindi Oya-Becken. Wiesbaden.